EXPLORING THE OCEANS·探索海洋之极限任务

小小少年
潜入弱光层
TWILIGHT ZONE

〔英〕约翰·伍德沃德（John Woodward） 著

李丽芝 译　　孙栋 总审阅

海洋出版社

2017年·北京

图书在版编目（CIP）数据

小小少年 . 潜入弱光层 / （英）约翰·伍德沃德 (John Woodward) 著；李丽芝译 . -- 北京：海洋出版社，2016.12
（探索海洋之极限任务）
书名原文：TWILIGHT ZONE
ISBN 978-7-5027-9721-8

Ⅰ . ①小… Ⅱ . ①约… ②李… Ⅲ . ①海洋—少儿读物
Ⅳ . ① P7-49

中国版本图书馆 CIP 数据核字 (2017) 第 044866 号

图字：01-2016-8210

策　　划：高显刚
责任编辑：杨海萍
责任印制：赵麟苏

海洋出版社　出版发行
http://www.oceanpress.com.cn
北京市海淀区大慧寺路 8 号　邮编：10008
北京文昌阁彩色印刷有限责任公司印刷　新华书店发行所经销
2017 年 5 月第 1 版　2017 年 5 月北京第 1 次印刷
开本：889mm×1194mm　1/16　印张：3
字数：50 千字　定价：38.00 元
发行部：62132549　邮购部：68038093　总编室：62114335
海洋版图书印、装错误可随时退换

目录

幽蓝的"弱光层"

我们生活的地球表面有三分之二的面积被海洋覆盖着，每一片海洋都浩瀚无边，一望无际。如果想乘船跨越它们都需要花费几天甚至几周的时间。当你身处海洋之中时，能看到的只有大海和天空。

漫长的下潜

海洋不仅宽阔，而且很深很深。如果你在海中央的位置将一块石头从船上扔到海里，在它沉到海底之前，它至少要经历11 500英尺（约3 500米）的旅程，超过2英里（约3 200米）的深度。首先，这块石头很快就会穿越海洋表层的真光层，因为这一层最多也只有600英尺（约180米）深。随即它就会沉入几乎没有光的区域，在这里只有淡淡的蓝光，这个区域我们把它称为海洋的"弱光层"。最终，这块石头会沉入完全黑暗的区域，我们称之为"无光层"。

"无光层"是只有极少数的人探索过的黑暗的"午夜地带"，因为如果只依靠呼吸装置，是无法到达这个深度的，我们需要小型的潜水设备——潜水器来帮忙才能到达那里。

潜水器可以帮助我们抵御深海的寒冷和强大的水压，而且在如此昏暗的海底，我们需要很强的灯光来帮忙，另外我们还需要特殊的设备来采集和记录科学数据。

你的任务是潜到这片"弱光层"，在那里寻找生命迹象，并研究这里和真光层的不同之处。

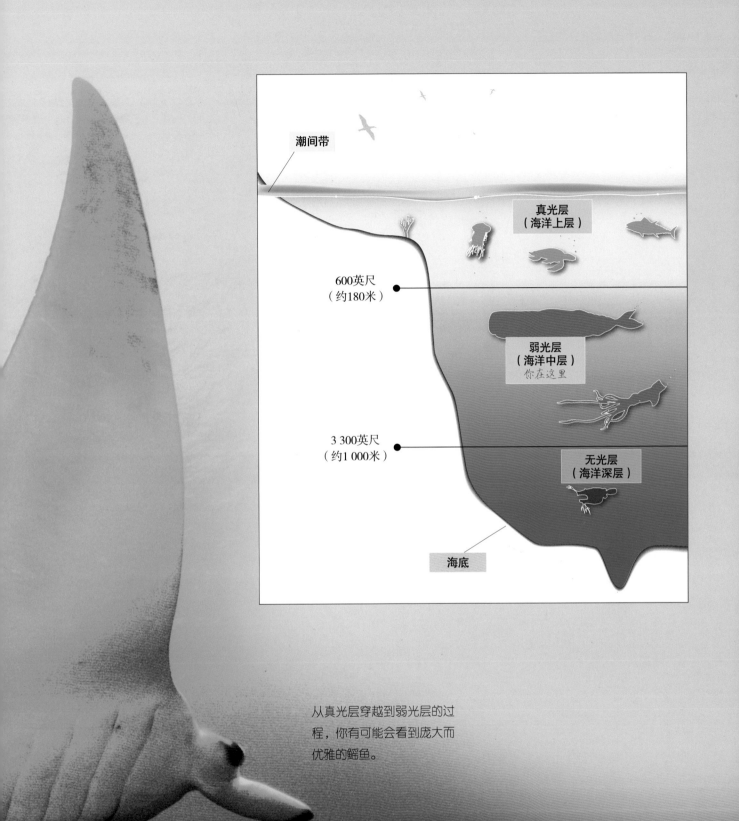

潮间带

真光层
（海洋上层）

600英尺
（约180米）

弱光层
（海洋中层）
你在这里

3 300英尺
（约1 000米）

无光层
（海洋深层）

海底

从真光层穿越到弱光层的过
程，你有可能会看到庞大而
优雅的鳐鱼。

你的任务

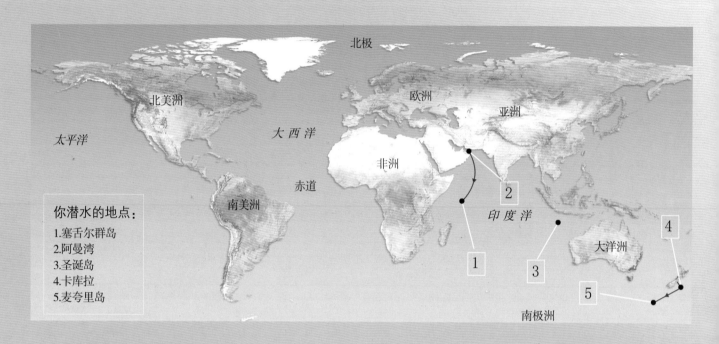

北极

北美洲

欧洲

亚洲

太平洋

大西洋

非洲

赤道

南美洲

印度洋

大洋洲

南极洲

你潜水的地点：
1. 塞舌尔群岛
2. 阿曼湾
3. 圣诞岛
4. 卡库拉
5. 麦夸里岛

海水会吸收阳光，改变其颜色。在海水表层，我们几乎看不到颜色的变化；但随着你潜入水底越来越深，海水颜色变化越明显；海水慢慢地改变颜色并且

越来越暗。阳光和彩虹一样有着七种颜色。海水先吸收红光，接着吸收黄光，然后吸收绿光。在海面以下330英尺（约100米）的地方，就只剩下蓝光了，这使海水看上去蓝蓝的。

在清澈的热带海洋，这个深度的海水还会有蓝光存在，就像透过一片蓝色玻璃片一样。随着下潜越来越深，海水的蓝色就会渐渐消失。在600英尺（约180米）深度的时候，也就是我们称之为"弱光层"的地方，仍然会有一点点光。然而，这些光少得可怜，我们几乎看不到。海洋会在大约3300英尺（约1000米）的地方完全变黑，也就是我们所说的"无光层"的开始。

水的压力

在这次探险中，你会用到几种不同的潜水器。每一个都必须非常坚固，否则，巨大的海水压力将把它挤成碎片。科学家潜入深海的时候，通常会在潜水器外面系一个泡沫塑料杯子。当他们返回海面时，杯子已经被海水压成一个瓶盖了。

科学家用一个长长的网罩，
来收集海洋生物标本。

继续下潜

你要去探索这个"弱光层"会发生什么事情，出发的地点在印度洋上的塞舌尔群岛，你将在那里下潜到"弱光层"，随着潜入的深度，你将会看到海洋生物的变化。

你要利用科学的装备去探索"弱光层"。这次冒险开始于印度洋的北部，然后向东南方向延伸，最后到达澳大利亚的南部。在那里你会和一组捕食者或者说食肉动物会合，然后到深海寻找猎物。不过我最好提醒你，这些捕食者可能和你想象的不一样哦。

最后，你将对现代海洋进行探索，研究影响现代海洋生物以及陆地的因素。

深海捕捞

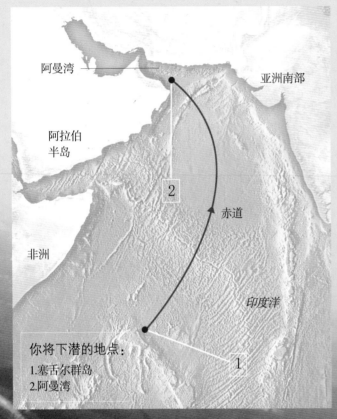

阿曼湾

亚洲南部

阿拉伯
半岛

2

赤道

非洲

印度洋

你将下潜的地点:
1.塞舌尔群岛
2.阿曼湾

1

美丽的塞舌尔群岛,位于印度洋的西部,离赤道很近,你将对这一区域的"弱光层"进行探索。群岛是海底山脉露出海洋的部分,离岸近的地方水很浅,然后越来越深。从空中俯瞰,这些岛屿如绿松石般撒落在浩瀚的深蓝色的大海上,非常美丽。

你加入到当地渔民队伍中,开始了一次捕鱼之旅。渔民们有长长的桶状捕鱼网,足够到达"弱光层"。你想知道这里都会有什么动物,从渔民的鱼篓里就可以找到答案了。

船离开海港,穿过珊瑚礁然后驶向大海。

海水如水晶般湛蓝清澈，在浅水区，海底的一切尽收眼底。慢慢地，海水变成深蓝色，除去暗礁什么都看不见了。现在你已到达深海区，渔民们把渔网安放好，等待鱼儿们的到来。

在你的要求下，渔民们在海水表层的"真光层"和深层的"弱光层"分别放置了捕鱼网，以便于观察在不同深度是否能捕到不同种类的鱼。深层的渔网打捞比较费时间，所以我们先从浅水区的渔网开始打捞，这个渔网捕到的鱼大部分都很小，它们的身体呈流线型并且喜欢成群游动，另外还捞到了少量的金枪鱼，金枪鱼游得特别快，喜欢吃其他鱼类。

不同寻常的世界

当把"弱光层"的渔网打捞上来的时候，我们发现，只有非常少的鱼，而且这些鱼长得都很奇怪。大部分是扁平形状的，还有银色的。这些鱼明显比"真光层"的鱼还要小一些，并且长着大大的嘴巴，长长的针状牙齿；还有大眼睛的鱿鱼和极像果冻一样的透明生物。

渔民们将那些对于他们没什么用的奇奇怪怪的东西扔回大海。尽管如此，通过这次捕捞，我们了解到"弱光层"还真的是一个不同寻常的世界。

一群群金枪鱼游过"真光层"，寻找食物。

黎明，潜水开始

你决定独自一个人去"弱光层"来一次探险，去看看那里究竟是什么样子。这样做还是需要付出代价的，你需要潜水器以及母船。母船的船舷相对低一些，以便能将潜水器拖出来。更重要的是你还需要经验丰富的船员，在出现意外的时候你的生命就靠他们了。

你确实可以放心地依赖这艘名叫"西蒂斯"号的研究船，它就停靠在塞舌尔群岛。这艘船有一个仅仅能容纳一个人的迷你潜水器，可以下潜到 2 300 英尺（约 700 米）的深度。一切准备就绪，你钻进潜水器，锁上舱门，从顶部的塑料天窗向外面看，船员们从母船一侧将潜水器放入水中。

潜水器开始下潜了，从"真光层"到"弱光层"需要一段距离。海洋中的很多动物，绿海龟（右图）、蓝鲨（下图）都被抛在后面。

潜水器（右图）有宽大的透明窗户和很强的光源，这些都能帮助你在黑暗的水里观察得更清楚。

真光层的海洋

要到达你想探索的"弱光层"，需要穿过接近海洋水面的"真光层"，那场景很是激动人心的，色彩斑斓的鱼儿们从身边游过，体型圆滑的大灰鲨一闪而过。这里几乎没有浮游生物，所以视线非常好。浮游生物就是那些非常小，漂浮在海里或者海藻上的生物，它们经常会把海水弄得浑浊不堪。

海藻利用光能，把二氧化碳和水转化成储存着能量的有机物，并释放出氧气，这个过程叫做光合作用。海藻是"真光层"的主要食物源，所以海藻越多的海水进行的光合作用就越多，产生的食物也就比清澈的海水多得多。但是，清澈的海水也会有少量的浮游生物存在，这些浮游生物成为小鱼小虾到巨大的鲸鱼的食物。

坠入黑暗

潜水器下潜的越来越深，仪表盘的数据显示，你已经潜入了水下600英尺（约180米）的深度，这里就是"弱光层"了。在昏暗中，潜水器的机械臂看上去黑黝黝的，虽然这里的水很清，但视线已经变得模糊了。

你打开潜水器探照灯，光线穿过海水，一种像镜子般的能反射光线的小鱼跃入眼帘，还有形似南瓜状的透明物在水中漂浮着，闪烁着美丽的虹彩光泽，这就是神秘的栉水母。它们沿着身体的长度方向长着一排排像梳子一样的栉板，通过反射和散射光，光带随波摇曳，如天空中的彩虹般光彩夺目。

这里还有一种斑点样子的浮游生物，它们太小了，看不出是什么，只能通过显微镜才能找到答案，等潜水结束再研究样本吧。接着，另一种神奇的生物出现了，样子看起来像透明的鼻涕虫，不同的是它们有一对儿像翅膀一样的翼，这就是海蝴蝶了。

灯光秀上演

海蝴蝶悠闲地游走了，慢慢消失在潜水器的灯光中，你正要跟上它们，另外一种光吸引了你的注意力，那光非常微弱，你关闭了灯光以便能看得更清楚。那光靠得越来越近，没错，真的是一种光，更奇怪的是这光竟然是从鱼的腹部发出的！为什么鱼会把自己"点亮"？答案在后面揭晓。你痴迷地看着，直到它们消失在黑暗中。

栉水母（下图）闪着彩虹般的光从潜水器旁游过。

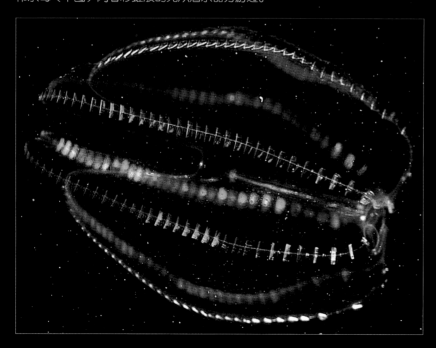

海蝴蝶（右图）通常长得都很小，一般会长到2英寸（约5厘米）那么长。海蝴蝶因它有一对像蝴蝶一样的翼而得名。

迷你潜水器

你这次使用的潜水器非常小，只能容纳一个人。潜水器用钢制成，形状像桶，头顶部是用坚固的塑料制成的透明天窗。潜水器由结实的金属电缆与母船连接，电缆起的作用非常大，既不会让潜水器漂离母船，而且还是潜水器光能的保障。螺旋桨带动潜水器下潜，机械臂采集样本，可谓麻雀虽小五脏俱全。

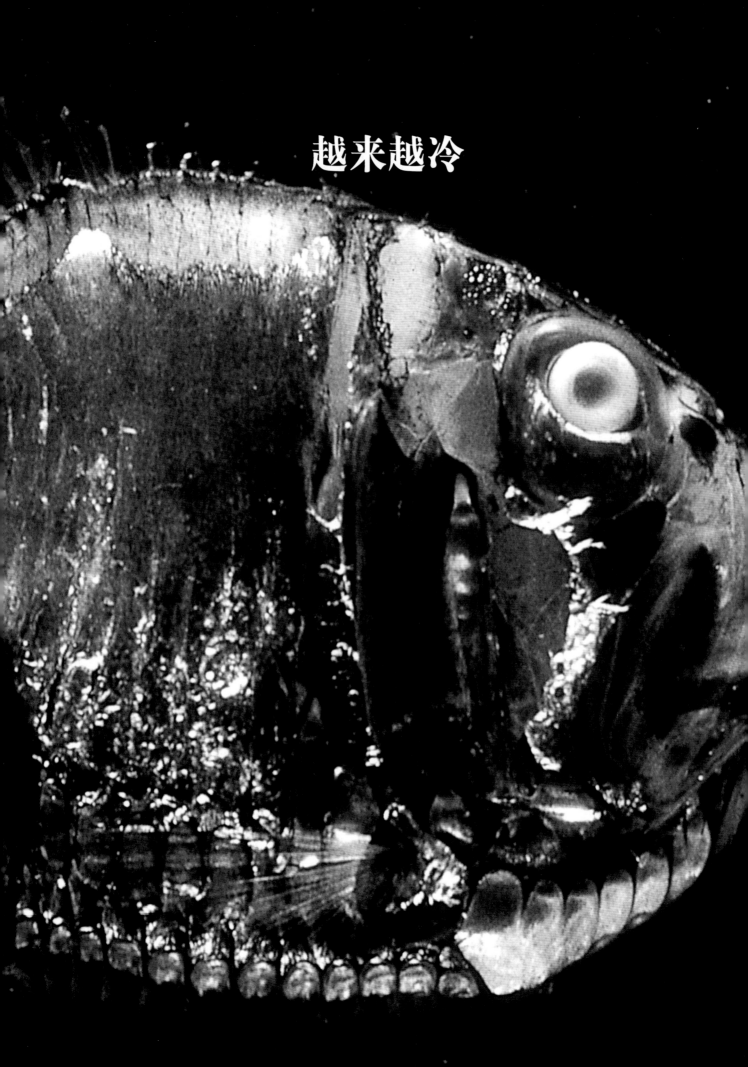

越来越冷

潜水器有着良好的保温功能，你根本注意不到海底温度戏剧性的变化。在海洋表层，海水温暖舒适，大约在70华氏度（约21摄氏度），但是到了1 000英尺（约300米）以下，探测器显示出令人恐惧的温度：45华氏度，也就是只有7摄氏度。

你决定今天的潜水到此为止了，你向母船的船员请示将潜水器上升，随着潜水器上升，探测器显示的海水温度也在升高。

你本以为海水温度会平稳上升，其实不是的，温度上升呈阶梯式变化。显示屏显示温度变化开始于"弱光层"顶部，在800英尺（约240米）的时候，温度迅速上升，在800英尺～600英尺（约240米～183米）这段距离，水温从41华氏度（约5摄氏度）升到52华氏度（约11摄氏度），然后温度的上升开始变得缓慢，离海面越近，水温逐渐变得越温暖。我们把水温迅速变化的这段称为"温跃层"，当你途经这里时，水温会急速变化。

你的潜水器装置就像图片显示一样，用于温度测试和化学成分分析。

无形的墙

传感器记录了温度的变化。在潜水器下潜到"温跃层"的时候，那里出现了一些与众不同的奇怪动物，比如栉水母。"温跃层"好像是一堵无形的墙，它阻止了来自"真光层"及其他方向的动物游到"弱光层"。

在热带海洋中心，"温跃层"似乎太过突然，因为在这里阳光终年照射海面，"真光层"一年之中始终保持温暖。温暖的水比寒冷的水要轻，所以温暖的水会漂浮在冷水层的顶部。这一层的营养物质大部分被海藻吸收掉，几乎很少有浮游生物，所以表层的海水非常清澈。

斧头鱼（左图）的家就在寒冷的"弱光层"。

15

从潜水器里出来了

你也许会认为在"弱光层"潜水是件容易的事，如果你始终待在潜水器里不出来的话，确实如此！但是，如果当船员们再一次将潜水器放入水中，你却打开舱门游到了大海里，那还会是如此简单吗？

海水压力

没有了潜水器，想潜到海洋深处，确实会麻烦不断。众所周知，我们在陆地上靠呼吸空气才能生存，空气是一种复杂的混合气体，包括人类赖以生存的氧气，另外还含有大量的氮气。一般状态下，氮气不会伤害人体，但当潜入水底大约100英尺（约30米）的时候，水的压力就会让氮气做出奇怪的事情，它会进入到人的血液和脂肪中，一旦氮气进入人的大脑，就会让人产生奇怪的"氮醉"现象。

潜水者如果潜到太深的地方，身体就好像被氮气下了毒药一般，这时候，人会变得行动缓慢、笨拙，思维混乱。这是相当危险的，因为潜水者都不知道自己在做什么。如果幸运，潜水者能返回浅水区，氮醉症状才会慢慢消失。

这些潜水员在采集海洋样本，他们时刻牢记不要潜到太深的地方或返回海平面的速度太快，以免身体受到伤害。

致命的气泡

当潜水者返回海面时，他会面临另一个麻烦。如果他返回的速度太快，氮气会在血液中产生气泡，让人感觉疼痛难忍，甚至丧

命，医学上称为"减压病"。为了避免患上"减压病"，潜水者会尽量慢地返回，甚至在中途休息一小会儿。对于那些潜入很深海底的，则需要在减压舱里住上几个小时甚至几天，才能使身体完全恢复正常。

如果没有潜水器的保护潜到"弱光层"的话，潜水者还有一个致命的危险，那就是被水压压碎，因为在"弱光层"压在潜水者身上的重量太重了。综上所述，没有潜水器的保护，还是不要到"弱光层"去冒险吧。

显微镜下的生命

科学家们在船的一侧放下一个巨大的尼龙网，用于收集浮游生物进行研究。

光层"而不是"真光层"。

检查所收集的样本时，确实有些令人失望，它们看上去就是一团淤泥。你需要把它们拿去实验室，在显微镜的帮助下才能知道这些究竟是什么。

在显微镜下，那团淤泥被放大 20 倍，你可以看到一排排闪光的透明生物，大多数是甲壳类。甲壳类动物是指那些有着坚硬外壳和分节附肢的动物，像沙滩上我们经常看到的大螃蟹以及龙虾都属于这种，只是你捕到的这些属于很小的那种。

往淤泥中加入一点儿海水稀释一下，你会看到甲壳动物用它们的长刺和头发状的须悬挂在水中，它们甚至可以靠抖动细小的腿来游泳，有的长得像潮间带的那种小虾，有的更类似于跳蚤。总体来讲，它们都类似英文字母"T"的形状，而且在顶部长着触须，它们都属于桡足类。

超过三分之二的海洋浮游

回到船上，你回想起水中的一些微粒物，它们在潜水器灯光照射下异常活跃，就像阳光下舞动的尘埃。你需要取一些样本去研究一下。用网眼细小的尼龙罩可以抓住很小的浮游生物。把尼龙网放到 1 000 英尺（约 300 米）附近海域，打开网口，然后再收网，可以保证网里的生物是来自"弱

生物都属于桡足类，浮游生物的数量比世界上任何种类的动物都要多。在"真光层"这些桡足类生物以海藻为食，奇怪的是它们用脚进食。

前面我们讲过，在"弱光层"海藻因为缺乏阳光而无法生存，那这些桡足类生物怎么生存呢？这就是我们接下来要弄明白的问题。

桡足类动物都非常小，只能通过显微镜的帮忙才可以看清楚它们的样子。

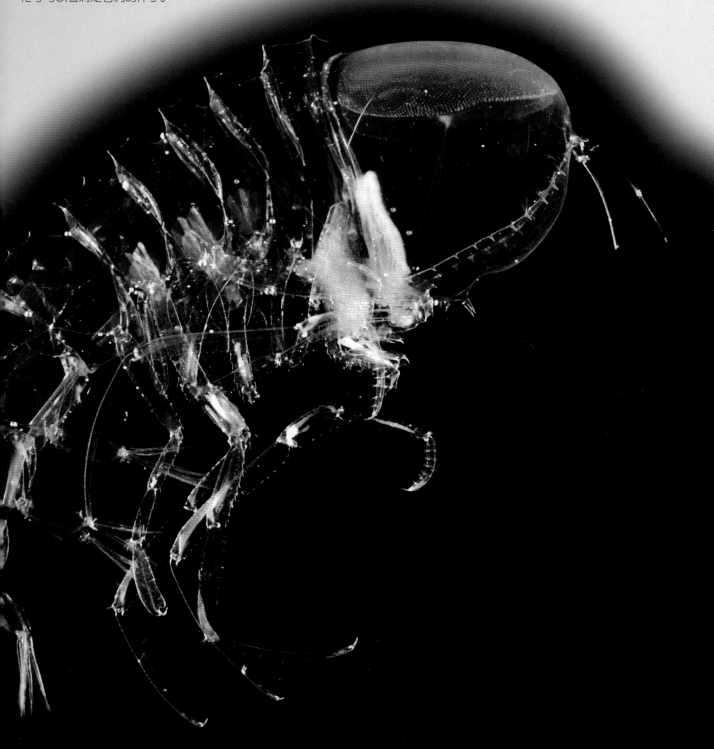

海雪

当你在显微镜下观察的时候，除桡足类动物以外，还有一些更小的东西漂浮在中间。为了更好地观察，你采了更小的样本放到倍数更大的显微镜下，这个显微镜可以放大物体1 000倍。这些大部分都是海藻碎片和已经死去的小动物、甲壳碎

片，还有黏在动物身上的浮游生物，以及一些块状物体，有可能还有动物和鱼的粪便。总之，它们都是海洋生物的残留，所以可以称为有机物。这些有机物会成为海洋生物的食物，有的海洋小生物很擅长清除这些垃圾，并靠此为生。在陆地上，这些吃垃圾的生物生活在土壤里吃腐烂的叶子，在海里，它们大多数都生活在"弱光层"以及更深的地方。

差不多所有的有机碎屑都来自海洋的"真光层"，也就是接近海面的地方。碎屑

功能强大的显微镜

在观察海洋样本的时候，你已经体验过可以将物体放大 1000 倍的显微镜了。它配有不同倍数的镜头，如果观察这只桡足类动物，你可以先从小倍数的镜头开始，通过转换镜头来找到合适的位置观察。

慢慢向海底飘落，样子很像空中飘散的雪花，所以人们就把它称为"海雪"。如果没有被海洋生物吃掉，它们会一直沉到海底。

你从"真光层"带回来的那些桡足类海洋动物都靠吃"海雪"为生。这就可以解释，为什么在几乎没有光合作用的"弱光层"它们还会有充足的食物了。桡足类动物被其他鱼类吃掉，这些鱼又会被更大的掠食者吃掉，可以说，"海雪"支撑了整个海洋底层的食物链。

这是在显微镜下的海水样本，样子像虾的是桡足类动物，微小的碎屑就是"海雪"。

21

深海吸血鬼乌贼

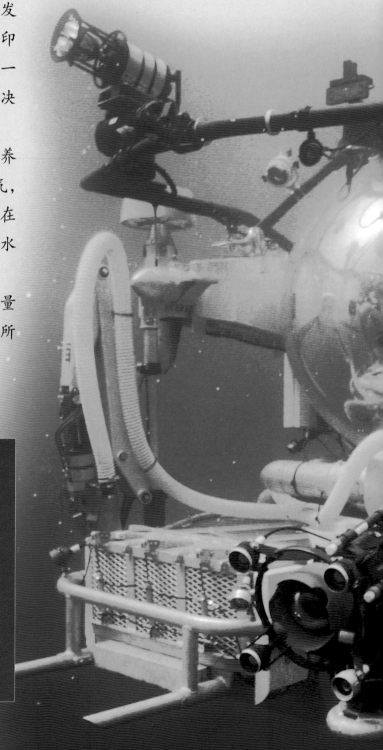

究船"西蒂斯"号从塞舌尔出发
一直向北，驶向位于阿拉伯与印
度之间的阿曼湾。他们此行的任务是研究一
种被称为"最小含氧层"的奇怪现象。你决
定和他们一起去。

氧气是地球所有生物赖以生存的基本养
分，我们在陆地上通过呼吸空气来获得氧气，
而在海洋里，氧气也是存在的，它被溶解在
海水里。海洋生物用鳃或者皮肤来吸收海水
里的氧气。

海水的含氧量是不同的，冷水的含氧量
要比温水高，另外海面表层因为贴近空气所

在探照灯的照射下，吸血鬼乌贼的眼睛闪着幽蓝的光。

以含氧量也比较高。在接近"弱光层"顶部的位置有一个层，这里的含氧量比它上面和下面都低。在距离海面2000～2600英尺（约600～800米）的地方，那里充满了有机垃圾、"海雪"以及细菌分解的碎屑，它们耗尽了海水的氧气，这里就是"最小含氧层"。

"最小含氧层"在不同地区强弱不同，在阿曼湾尤其突出，氧气探测器显示这里的氧气含量比海洋表层的氧气要少20倍，在这样的环境下很少生物能够生存，就像一堵无形的墙，海洋生物只在这里上下穿行，从不停留。还记得你之前在塞舌尔发现的海底屏障——"温跃层"吗？是不是与"最小含氧层"很类似呢？

幸运的是"最小含氧层"无法阻挡潜水器，你可以去探个究竟。和你预测的一样，那里真没什么可看的。但你曾经听说那里住着一种奇怪的动物，而此时，它就在眼前：它的身体呈深红色，在探照灯下，它的眼睛发出蓝色的光，整个身体有8英寸（约20厘米）长，虽然只有书本那么大，但看起来还是有些吓人。它就是吸血鬼乌贼。

能在"最小含氧层"生存，吸血鬼乌贼有着得天独厚的本领，它大大的鳃和不同寻常的血液能非常好地吸收氧气。吸血鬼乌贼终其一生都在"最小含氧层"生活，靠吃一些小动物为生。

坐在潜水器里，你可以观察到"弱光层"中的一切。

海洋的深散射层

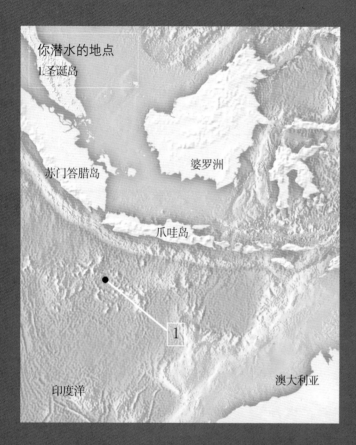

你潜水的地点
1.圣诞岛

苏门答腊岛

婆罗洲

爪哇岛

1

印度洋

澳大利亚

你的探险还在继续，你把"西蒂斯"号留在了阿曼湾，乘飞机向东南来到了爪哇岛南部的圣诞岛。这个岛是海底山峰的顶部，从印度洋底部到山顶有20 000英尺（约6 000米）高。

你来到了一艘澳大利亚"摩羯座"号勘探船，这是一艘特殊的海底测绘船，采用的是声呐装置。

船将一直向南，到达澳大利亚西部的冷

海区域进行勘探。船员们开始测量，你在电脑屏幕前等待观看数据，慢慢地屏幕变得清晰，然而，奇怪的事情发生了。我们已知这片海域的海底深度为16 400英尺（约5 000米），但是声呐屏幕却显示出两个海底，也就是我们所说的"假海底"的图像。一个是真正的海底，一个是在"弱光层"的假海底，也就是距离海面大约1 300英尺（约400米）的地方。科学家们会忽略这个浅层的海底，因为他们知道那根本不是真正的海底，我们把这个"假海底"称为深散射层。

深散射层的生命

"魔羯座"号有一个可以远程控制的小型潜水设备——遥控潜水器，或者叫水下机器人。你坐在海面的操控室，一边看视频画面，一边用遥控杆操控。这个遥控潜水器很简单，你很快就掌握了方法，潜水器潜入了深散射层。

那里有很多海洋生物存在，小的有浮游生物和小虾，大一点的有水母和乌贼。你看见了一条有大狗那么长的红色水母，还有一群鱼，它们的身体闪烁着一排排奇怪的光。看来，在深散射层的海洋生物还真不少呢。

在深散射层生活着各种各样的海洋生物，有大有小。

声呐

声呐是指利用声波，在水下装置声音脉冲（如右图所示），发射出声波，然后探测器接收目标反射的信号，收到回声的时间间隔越长证明海底越深，计算机算出水的深度并将结果显示在屏幕上。

白天下潜，夜晚上浮的生活

夜幕降临，可是"魔羯座"号的科学家并没有让声呐停止工作，他们要给你看些东西。

深散射层现在比白天的时候变得浅多了，它现在移动到离海面不到 500 英尺（约 150 米）的地方了。那就意味着，白天我们看到的生活在离海面 1 300 英尺（约 400 米）地方的生物也必须随着海水上升，白天在"弱光层"，夜晚移到"真光层"，真是太有趣了。

为了一探究竟，你把遥控潜水器放入深散射层，通过灯光看到成群的浮游生物、水母和鱼都已经迁移到接近海面的"真光层"了！对于那些小小的桡足类动物，真的是难以想象，它们是如何游出 800 英尺（约 240 米）的距离？这足足需要 3 个多小时的时间啊！鱼可以很快地游动，但是对于它们来讲旅程会很艰难。那些发着光的灯笼鱼，甚至来自于"弱光层"以外更深的地方，它们需要在海浪里上升 5 000 英尺（约 1 500 米）的距离！

你操控着潜水器，这时已是深夜，天空的云层散开，一轮大大的圆月出现在空中。很快你会发现，鱼儿们开始向海底移动，你不得不移动潜水器以便能追踪它们。显然，它们不喜欢月光，但这是为什么呢？为什么它们一开始还要游到海面来呢？

显微镜下的盛宴

趁着一群接近海面的鱼还没

这是一条白天生活在"弱光层"，夜晚迁移到浅水区的小鱼。

这只螃蟹生活在印度洋，在夜晚它游到接近海面的"真光层"捕食，白天则在"弱光层"生活。

有游走，你决定抓几条小鱼来研究。当你在显微镜下观察时，你发现整整一团浮游生物，它们是海藻，是那些在海洋表层利用光合作用制造食物的藻类。

在"真光层"，浮游藻类是主要的食物来源，这些桡足类、小虾还有其他的深水小动物，游到"真光层"很可能是为了捕食。但是，为什么它们只在夜晚来呢？这大概是因为食肉动物的原因，像居住在深海的喜欢吃小鱼的灯笼鱼，他们很容易在

白天捕食猎物，所以，光线充足时候，桡足类就会跟随它们的敌人再次下潜。

大眼睛的捕猎者

在深海散射层，除去那些小的浮游生物，还发现了大一点的动物。比如，章鱼的近亲鱿鱼、流线型的灯笼鱼、鳊鱼，还有银斧鱼；另外，还包括栉水母和其他种类繁多的水母。

这些动物在海中上上下下地游，为的是捕食那些桡足类动物和小虾。水母用它们刺状的触须来捕获猎物，而栉水母则是将猎物吸到它那中空的身体里。这两种动物有一个共同点，就是它们都没有眼睛，也无法看到猎物。

眼睛

捕猎概述

在你捕获的海洋生物中，那些深海的鱼和鱿鱼都长着大大的眼睛，因为在微弱的光线下大眼睛比小眼睛要灵敏很多，所以在"弱光层"大眼睛的捕猎者优势多多。

奇特的斧头鱼视力非常好，之所以说它奇特，是因为它的眼睛长在了不同寻常的地方。不是向下看也不是向左右看，而是从头顶垂直地向上方看，并且可以穿透整个水面。

这有什么好处呢？在"弱光层"从上至下光线是越来越弱的，从上向下看动物们都只呈现出一个黑黑的轮廓，不容易看清楚，而斧头鱼的眼睛刚好是从下向上看，这样光线好，有利于从下至上捕食猎物。

大眼睛

和人类的眼睛一样，鱼类和鱿鱼的眼睛也是通过眼部透明的透镜来收集、聚焦光，然后形成图像。眼睛越大收集的光线越多，成像也越清晰，光线不足，成像就模糊，所以在深海中大眼睛是有优势的。

28

触腕

腕足

深海鱿鱼的大眼睛是它捕猎的好帮手。

斧头鱼的眼睛长在头顶，嘴巴也是，这样方便它向上看
并吃到它头顶的猎物。

顶级猎食者

大鱼吃小鱼，小鱼吃虾米，虾米吃浮游生物，浮游生物吸收海藻的营养，这就是海洋的食物链。食物链中间的动物都有着自己的天敌。"弱光层"每天都有大型的捕猎者巡游，鲨鱼和大型鱿鱼就在其中。在靠近海面的地方，它们终日追逐着猎物，晚上也从不休息。

由于大型猎食者数量少、游泳速度快，所以不像小鱼小虾那么容易被遇到。但如果你选择了正确的时间和地点，也会幸运地看到它们的身影。

突然袭击

以防万一，你让船下面的远程遥控器一直处于工作状态，并开启了所有的灯光，因为你不想错过任何东西。你等待着……

两个小时过去了，仍然毫无收获，凌晨一点钟正当你准备收工的时候，一个圆圆的滑溜溜的身影出现了，是蓝鲨！所有的鲨鱼都有着惊人的敏锐嗅觉，这使他们在黑暗中捕猎也毫不费力。但是蓝鲨却不同，它们经常在"弱

30

光层"或者更深的海底捕猎，只有到了夜晚它们才会光顾"真光层"。

蓝鲨最喜欢的猎物是鱿鱼。此时的这只蓝鲨发现了一只刚刚从"弱光层"游上来的鱿鱼，蓝鲨随着它跃入"真光层"，用它尖锐如钩子般的牙齿咬住了滑溜溜的鱿鱼，简直是易如反掌！这在远程遥控器的灯光下看得清清楚楚。

这只蓝鲨来到"真光层"追逐它最喜欢的猎物鱿鱼，平时呢，它们喜欢待在寒冷昏暗的"弱光层"。

正当你忙着看蓝鲨捕猎的时候，差一点儿错过了另外一个大家伙，它长着尖尖的长喙，是枪鱼！这时它忽然加速，如箭一般游走了。它游泳的速度惊人，是海里游泳速度最快的鱼之一，其速度能比得上高速公路行驶的汽车，所以在海里能看到它的身影还是很幸运的呢。

镜子和灯光

你有一个大胆的计划，想独自一个人潜入深海散射层。这将是一次不同寻常的深海冒险！没有潜水器保护如何能做到呢？幸运的是澳大利亚海军为你提供了一套耐压潜水服，它可以在水下1 000英尺（约300米）很好地保护潜水者，但唯一遗憾的是，这套衣服没有水下探照灯。

尽管这样，你还是决定去。那里很多鱼都是发光的，借着这些光也能看见一些，但为了保险，你还是随身携带了一个手电筒。

为了赶在鱼向下迁移之前看到它们，黎明前你出发了，但当你下潜到预定深度时还是没看见什么。这时太阳慢慢升起，在阳光的照射下，海水发出淡淡的蓝光。环顾四周，

什么动物也没有。你打开手电筒，发现了斧头鱼和灯笼鱼就在你身边，为什么我刚才没发现它们呢？

当你向斧头鱼靠得更近时，你发现斧头鱼银色的侧面像镜子一样反射着手电筒的光。你关上手电筒，斧头鱼的"镜子"又开始反射来自海面的光，这使它和周围的水混为一体，根本看不出它们的存在。就像墙面都是玻璃的办公大楼反射天空的光，使它们和天空合为一体一样。

你从下向上看，还能看到一些鱼，但不是很清楚，只是在淡淡蓝光下模糊的轮廓。这是为什么呢？原来，它们腹部发光器发出的光和海水的淡蓝色非常相似，这个光不但没有使它们变得亮起来，反而恰到好处地将它们隐藏起来。

想象你自己是一条蓝鲨，你也会搞不清楚哪儿是鱼哪儿是海水了。这些镜子和光恰恰是它们最好的伪装，使它们很难被敌人发现。

琵琶鱼（左图），因它头部突出的长杆（其实是它的背鳍）而得名。在"长杆"的末端有发光器。
纺锤乌贼（右图）是一种深海乌贼，有着发光的眼睛。

生物发光

通常情况下，有光就会产生热，但是鱼类的发光器不能产生热量。它不依赖于有机体对光的吸收，而是一种特殊类型的化学发光，化学能转变为光能的效率几乎为100%，也是氧化发光的一种。如果失去了氧气供应，发光也就停止了，这种发光的现象我们把它称为生物发光。

深海巨怪

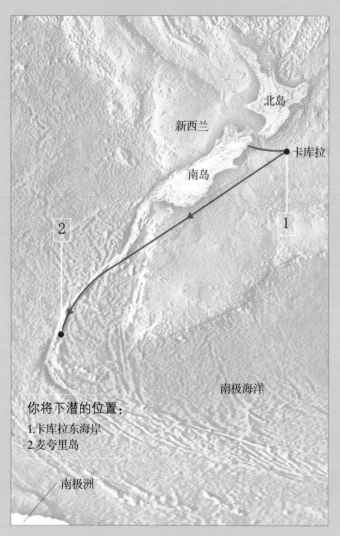

你将下潜的位置:
1. 卡库拉东海岸
2. 麦夸里岛

到目前为止,还没有人见过活着的巨型鱿鱼。下图是人们想象出来它游泳的样子。相比之下,潜水员只有一点点大小。

你此次海洋探险的下一站是位于新西兰南岛的卡库拉,这里是南太平洋的边缘。这里的海洋中生活着丰富的浮游生物、鱼类和鱿鱼。这种生态环境吸引了很多大型的鲸鱼,比如抹香鲸和驼背鲸,在这里,你将和抹香鲸一起潜水。

抹香鲸能长到60英尺(约18米)长,50吨重,相当于30辆轿车加在一起的重量。它巨大的头占据了整个身体的三分之一,它们经常潜入"弱光层"捕食鱿鱼和其他鱼类。和其他鲸鱼一样,抹香鲸靠呼吸空气存活,但它能潜入水底两个多小时也不用浮出水面换气,它是如何做到这点的呢?

原来,它可以将大量的氧气储存在自己的血液和肌肉中。在海里时,这些氧气供给大脑和心脏工作,在这期间,抹香鲸的其他器官几乎都停止了工作,以便能在海里待更长的时间。等到再次浮出海面,抹香鲸才能呼吸到新鲜的空气。

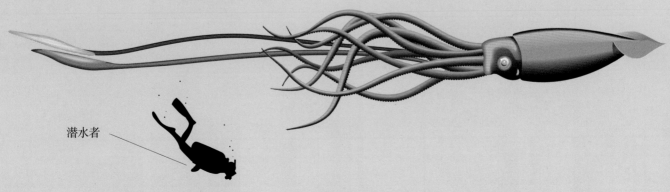

潜水者

抹香鲸要返回海面呼吸空气，然后再潜入深海捕食猎物。

寻找鱿鱼

　　没有抹香鲸的帮忙你是无法潜入"弱光层"寻找巨型鱿鱼的，你必须先在潜水器里跟着它，在靠近抹香鲸尾巴的时候，在尾巴上做一个大大的记号，以便你不会把它和其他的抹香鲸混淆。几分钟后，抹香鲸翻转尾巴潜回大海。

　　为了潜入更深的海底，抹香鲸快速游着，潜水器几乎快跟不上它了。它在寻找猎物，你希望它能捕到它最喜欢的猎物——巨型鱿鱼。

英勇的搏斗

　　到目前为止，还没有人看到过活着的巨型鱿鱼。但是它们确确实实生活在大海中，因为曾有人在沙滩上清洗过死了的巨型鱿鱼。巨型鱿鱼的体长能赶上抹香鲸，有时候我们发现抹香鲸身体上伤痕累累，那都是在搏斗中被巨型鱿鱼用吸盘攻击所留下的。如果幸运的话，这次你有可能会看到一场壮观的搏斗。

会说话的鲸鱼

跟随着抹香鲸，你安全地到达了"弱光层"的底部。抹香鲸追随着一群虽然很大但称不上巨型的鱿鱼，用它长长的、扁扁的窄下颌里面的巨齿咬住鱿鱼，大口大口地吃起来。

然后，抹香鲸转身游走，那速度快得你几乎跟不上了。在探照灯的灯光下，你看到一个发白的模糊身影，是巨型鱿鱼吗？你靠得更近一些，但是没有用，那个身影无声无息地消失在幽暗的大海中，你永远也不会知道刚才看到的到底是什么了。

咔哒咔哒声

你可以通过另外一种方法追踪抹香鲸，那就是声音。抹香鲸能发出"咔哒"声，这是它们彼此沟通的语言。由于声音可以在水

抹香鲸喜欢群居，它们之间有很强的社会纽带，通过发出的"咔哒"声互相联络。抹香鲸妈妈会照顾抹香鲸宝宝很长时间，家族成员也会群居在一起。

水听器

你的潜水器上装有水听器设备，这是一种特殊的麦克风，用来在水下收听声音。但是，和抹香鲸一样，水听器不是通过耳朵来听声音的，而是通过声波，它可以采集到6英里（约10千米）以外的声波信息。

中传播，即使在深深的弱光层中，抹香鲸也可以收到距离它至少115英里（约185千米）以外同伴发出的"咔哒"声。这段距离相当于汽车在高速公路上行驶差不多2小时的路程呢。

你将水听器打开，里面传来各种嘈杂的声音。你把水听器与潜水器的计算机连接好，屏幕上显示出频率很快的波形，而且每个波形的形状都是相同的，有点儿像声音代码。这声音应该是从你跟随的这头抹香鲸发出的。另外还有其他的"咔哒"声存在，所以你猜测水下附近一定有很多头抹香鲸在捕食。这些声音代码一定是在传递信息，也许抹香鲸在告诉同伴它捕到了巨型鱿鱼！抹香鲸也会利用声音作为声呐，就像在深散射层的声呐船一样。通过回声发现猎物，这就是为什么在昏暗的"弱光层"抹香鲸还能准确捕捉猎物的秘密。

向南方挺进

春季，生活在南大洋中的巨型雄性抹香鲸开始向更远的南方迁徙，一直到南极洲附近食物丰盛的海域。北回归线附近的雄性抹香鲸，则向北迁徙到北冰洋海域。而年幼的雌性抹香鲸和抹香鲸宝宝，则终年留在温暖的海域。

在众多的鲸鱼中，只有抹香鲸会这样。其他大多数鲸鱼，比如座头鲸，都会全家集体迁徙。夏季它们在极地海洋中觅食，秋季则迁徙到温暖的海域。

而成年的雌性抹香鲸和雄性抹香鲸，在一年中的大部分时间里都是分开的。

科学家们在一头鲸鱼身上安装了一个卫星跟踪装置，以便在水下观察南下的鲸鱼。你也加入到队伍中跟随科学家们一起南下。鲸鱼依靠它扁平分叉的尾鳍来游泳，每一次抬起尾鳍，它都奋力向前游，当尾鳍回到水中则会激起千层波浪，这速度相当于你步行去学校的两倍。它们一直游到南极洲附近海

尾鳍

抹香鲸回到海面呼吸空气，然后会再次潜入海底，它那分叉的尾鳍摆动着，使它向前游去。

卫星跟踪

卫星跟踪系统一般安装在动物身上，利用围绕地球的全球卫星定位导航（右图），系统会准确测出动物的所在位置，并将数据传到科学家的跟踪装置。

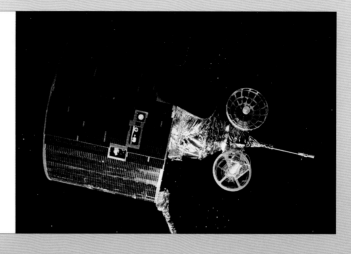

这是一只磷虾在显微镜下放大10倍的长度，在南极洲附近的海洋里，企鹅、海豹、鱿鱼和鱼类每天都会吃掉不计其数的磷虾。

水和冰混合的海冰地区。

在极其寒冷的海域，"真光层"表面的海水冻结成冰，就形成了海冰。当有阳光照射时，冰便开始融化，这种环境让海水表层浮游生物中的藻类生长非常迅速。这样就为成群的磷虾提供了充足的食物来源，而磷虾又被企鹅、海豹、鱼、鲸鱼吃掉。鲸鱼捕食鱼和鱿鱼，磷虾在这里扮演着温暖海域中小动物的角色。它们极夜时生活在冰层下，极昼时则生活在更深处，夏季大部分时间生活在靠近南极海域，可以说磷虾大部分时间都会生活在海洋的"真光层"，吃它们的鱼和鱿鱼也是这样，所以鲸鱼为了捕食鱼和鱿鱼也必须这样做。

深层环流

跟随抹香鲸南游的同时，你记录下了海水的温度。和你想象的差不多，在南极洲附近，海水表层的温度变得非常低，而在"弱光层"海水温度则更加低，并且还有一个奇怪的现象，那里的海水更加咸，这是为什么呢？

科学家在南极洲海域检测海水的含盐量。

当极地海域表层的水冻结成冰的时候，形成的是纯冰，里面并没有盐。

极地探险家将表层的冰融化，然后尝了一下，一点儿也不咸。因为盐不在冰里，而在冰下面的水里。这就是为什么冰下面的水要更咸一些的原因了。

冰下面的水也非常冷，冷水要比温水重一些，另外多余的盐也会使水变得更重，这些盐会慢慢沉向海底，随着更重更冷的海水下沉，就会将原来的海水推走，海水源源不断，这样就形成了一个缓慢的、一直流动的大深层流，科学家将这一循环称为"海洋深层环流"。

重要营养来源

深层环流的一个分支向北流经新西兰，然后流入太平洋，这就是你在此次南方旅途中收集到的海水样本。深层环流把极地冰冷的海水带到赤道附近，这对热带海洋能够产生轻微的冷却作用。

深层环流经过新西兰的同时，流动的海水会把海底的营养物搅起来，并把这些营养物带到北边，最终，提供给北太平洋地区的浮游生物丰富的养料。所以，阿拉斯加的鲸鱼就有了丰富的食物来源，而谁能想象，这竟是来自于地球另一端的深层环流所产生的结果。

同样，生活在"弱光层"的海洋动物也受益于深层环流。接近海面表层的水几乎结成冰，这些冰从空气中吸收了大量的氧气。当冰下沉到"弱光层"时，也将氧气带入水中。没有氧气，"弱光层"以及更深地方的海洋生物根本无法生活。所以说，如果没有深层环流，那么海底将是一片死寂，将毫无生命可言。

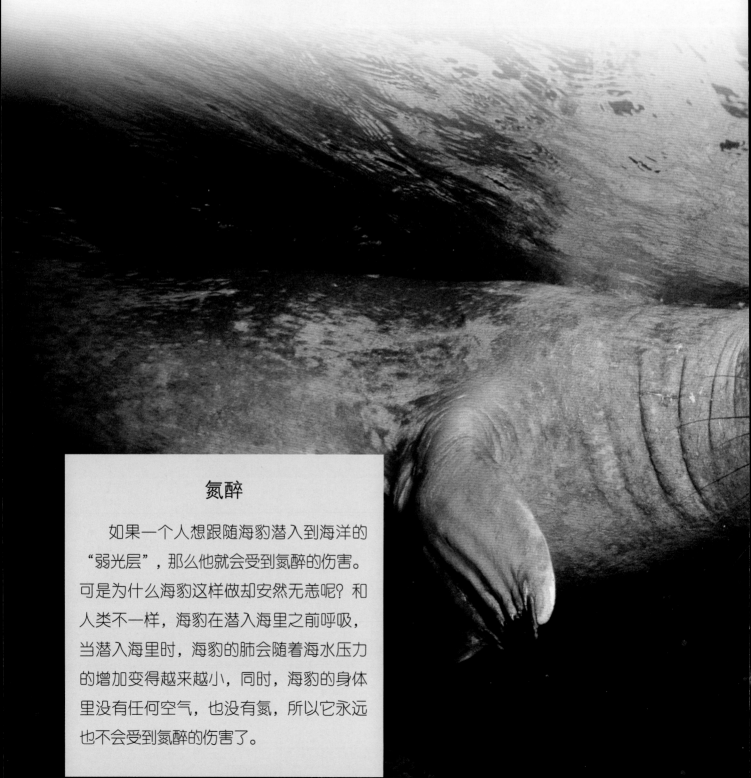

跟随象鼻海豹下潜

氮醉

如果一个人想跟随海豹潜入到海洋的"弱光层",那么他就会受到氮醉的伤害。可是为什么海豹这样做却安然无恙呢?和人类不一样,海豹在潜入海里之前呼吸,当潜入海里时,海豹的肺会随着海水压力的增加变得越来越小,同时,海豹的身体里没有任何空气,也没有氮,所以它永远也不会受到氮醉的伤害了。

接下来你来到了位于新西兰和澳大利亚之间的麦夸里岛，在这里，又一次潜水在等着你。

麦夸里岛是象鼻海豹的繁殖地，象鼻海豹的名字由来，显然是因为它有着似大象的鼻子和硕大的身体。

研究人员在它的身体上安装了卫星跟踪设备。每个跟踪器都粘在海豹脖子后方，几周以后再取下来，在这期间探测器可以追踪海豹的行踪。根据数据研究人员可以知道海豹去了哪里，它潜水的深度以及在水下呆了多长时间。

你开始像科学家一样跟踪海豹，卫星跟踪器显示的结果让你大吃一惊。尽管海豹需要呼吸空气，但是它几乎所有的时间都在水下。每次潜水，它都直接潜入距离海面1300英尺（约400米）的"弱光层"，甚至更深的地方。差不多半个小时才浮出海面一次。有的甚至会潜到5600英尺（约1700米）深的地方长达2个小时，这相当于两场篮球比赛的时间啊。

与抹香鲸不同，海豹在每次下潜之前呼吸，所以它的体内没有任何空气。这点非常重要，因为这就意味着海豹不会受到氮醉的伤害。海豹必须依靠储存在它血液中和肌肉中的氧气来维持生命，当它潜入水里的时候，身体的节奏会慢下来，心跳会慢到每分钟6次。你的心跳差不多是它的10倍。心跳的速度慢下来，可以减少氧气的用量，这真是太神奇了。

大多数的动物只会在深睡眠的时候身体节奏才能慢下来，但是海豹却可以在活动的时候做到这点，而且跟踪猎捕鱼类以及鱿鱼一点儿都不耽误，即使在神秘幽深的"弱光层"深海中也毫不含糊，简直太不可思议了。

海豹的水性非常好，可以潜到海里很深的地方，"弱光层"甚至"无光层"都是它们经常出没的地方。

任务报告

在这次海洋"弱光层"的探险中，你学习到了很多知识，出发前你也许已经猜测到那里又黑又冷，而现在，你明确地知道这些对生活在那里的动物来说意味着什么了。

你了解到那些最最微小的海洋生物是如何依靠从海洋表层飘落下来的动植物碎屑来维持生命的；你也看到了在夜晚它们为了品尝新鲜的食物而迁移到海洋表面，同时又被一群群巨大的天敌追逐捕获。

你观看到海洋生物如何捕猎，也看到了那些利用生物发光来隐藏或者捕食猎物的海洋生物；你还跟随抹香鲸和象鼻海豹这两个呼吸空气的动物潜到"弱光层"寻找食物；你也好像是看到了真正的海底怪物——巨型鱿鱼。

然而动物只是这次探险的一小部分，更多的是你学习了很多奇奇怪怪的海洋知识，比如温跃层、最小含氧层、深层环流等等。这些知识在海洋世界里也是鲜为人知的。

图中的小生物也生活在海洋的"弱光层"，属于端足类生物，是浮游生物的一种。

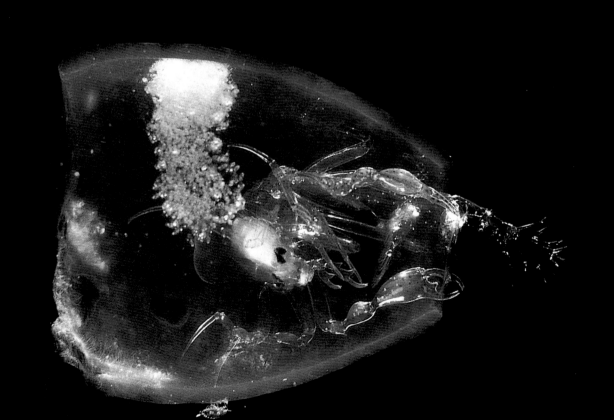